みんなは、生活をするなかでいろいろな単位をつかっています。
小学校（算数）では長さ、かさ（体積）、広さ（面積）、重さ、時間を学習しますが、学習しない単位もたくさんあります。
この本では、学校で学習しない単位にもふれています。

この表はコピーして使用することができます。

広さ（面積）	重さ	時間
		時刻の読み方
		日　時　分
	kg　g　t	s（秒）
km² m² cm² ha　a		

出典：文部科学省が発表した学習指導要領

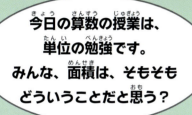

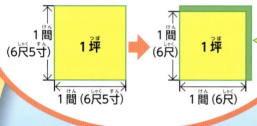

たとえば、実際に同じ面積の土地があるとしようね。
面積が同じなのに、いっぽうをより大きく表示をして、もういっぽうには、小さく表示する。
すると、同じ大きさだと知らない人は、どっちの土地がより価値があると思うかな?

面積が大きく表示されたほうが、価値があるように思います。

でしょ!
実際は同じくらいの面積でも、4畳半と書かれた京間より、6畳と表示された団地間のほうが広くて、価値があるように思うかもしれないよ。だから、徳川幕府が1間を小さくしたのは、田んぼの広さをあらわす数字を大きく見せて価値を高めて、より多く年貢を取ろうとしたといわれているんだよ。

田んぼの面積の数字が大きくなったら年貢米も多く出さなければならないんだよ!

おまえは、「やった!」なんて喜んでいたけれど…

わかった!!

うまく考えたね。

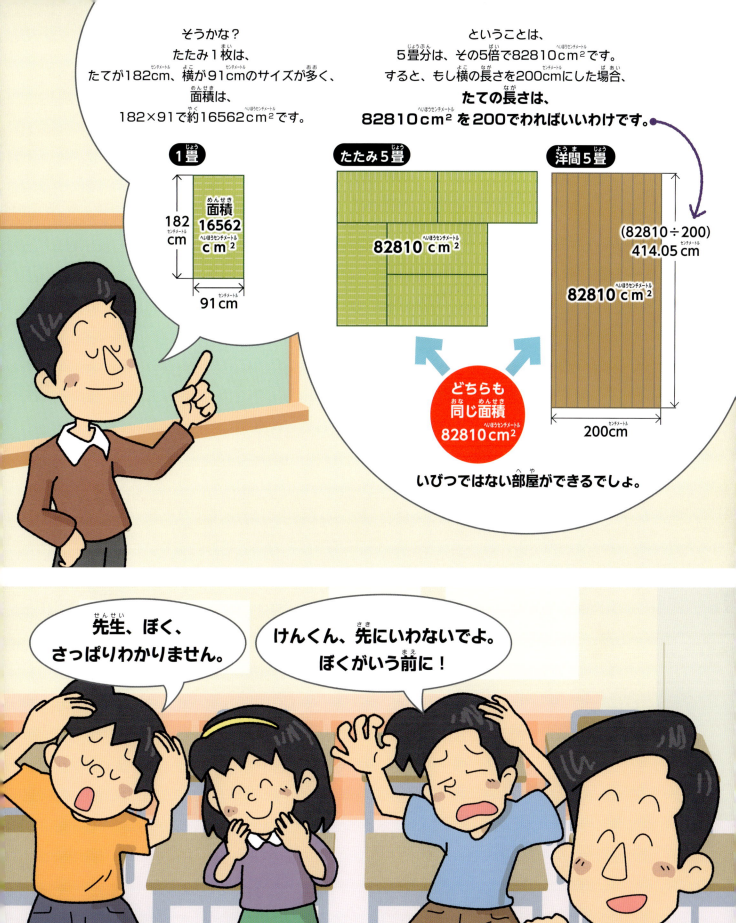

はじめに

　大昔の人類は、空に太陽がのぼるとともに起きて、しずむと寝るといった生活をしていました。そうした時代の人類がはじめてはかったものは、「時間」だと考えられています。夜空にうかぶ月が丸くなったり細くなったりする（月の満ち欠け）のを見て時間をはかったのです。その証拠として、月の満ち欠けの記録と思われる線が刻まれた石が、約3万年前の遺物から見つかっています。

　やがて狩猟・採集生活をしていた人類は、土地に住みついて穀物を栽培するようになります。そうなると、なにをするにも道具が必要。さまざまな道具を発明します。そうしたなかで、「長さ」や「かさ（体積）」などをはかる（計量する）必要が出てきました。

　古代エジプトでは、毎年ナイル川が氾濫し、その近くの農地が何か月ものあいだ水につかってしまいます。そして水が引いたあと、どこがだれの土地なのかがわからなくなってしまいました。このため、土地をもとどおりにするため、はかること（測量）がおこなわれました。

　その後、農業が発展し、収穫量がどんどん増えていくと、それを売り買いするのに「かさ（体積）」や「重さ」をはかるようになります。

　そうしたなか、都市国家が誕生。紀元前8000年ごろになると、そこでくらす人びとは、金銀・宝石・香料など、あらゆるものの取引をはじめます。

　そうしているうちに、人類は「時間」や「長さ」、「かさ（体積）」、「重さ」のほか、さまざまな単位を必要におうじて発明していきました。

　本シリーズは、現在わたしたちが日常的につかっているいろいろな単位について、みなさんが「目から鱗がおちる（新たな事実や視点に出あい、それまでの認識が大きくかわる状況をあらわす表現）」ように「そうだったんだ！」とうなずいてもらえるように企画したものです。題して「目からウロコ」単位の発明！シリーズ。次のように5巻で構成しています。

「目からウロコ」単位の発明！（全5巻）
① **いろいろな単位** 単位とはなにか？
② **長さ・角度・速さの単位** 人類は、いろいろなものをはかるようになった
③ **面積の単位** 洪水後の土地をもとどおりにはかるには？
④ **かさ・体積の単位** 農業の発展・収穫量を正しく知るには？
⑤ **重さの単位** 取引のために金銀・香料などをはかるには？

　それでは、いつもつかっているいろんな単位について、「そうなんだ！　そうだったのか！」といいながら、より深く理解していきましょう。

子どもジャーナリスト
Journalist for Children　稲葉茂勝

もくじ

巻頭まんが「m²の発見」……1

はじめに……8
もくじ……9

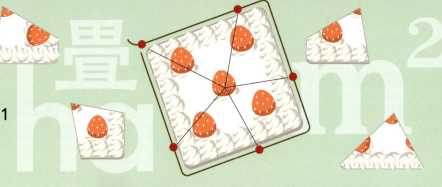

1 そもそも面積の「単位」とは？……10
- マンションの部屋の大きさ……10
- 同じ6畳（帖）の部屋でも……11
- もっとくわしく　6畳間の広さ（大きさ）……11
- あそぼう！　ペントミノって知っている？……12
- もっとくわしく　変形5帖……13

2 学校で習う面積の単位……14
- 全部で5つだけ……14
- もっとくわしく　500m²は、何a？……14
- どうすればこんがらがらないか？……15

3 小学校で学習する面積についてこれだけは覚えよう！……16
- 「たて×横」が面積の基本……16
- 平行四辺形の面積……16
- もっとくわしく　a（アール）、ha（ヘクタール）の場合……16
- もっとくわしく　平行四辺形の面積＝底辺×高さ……16
- 三角形の面積……17
- 台形の面積……17
- ひし形の面積……17
- 円の面積……18
- もっとくわしく　正方形の面積を5等分にする方法……18
- あそぼう！　タングラムをつくってあそぼう……19

4 面積の学習と日常生活……20
- 単位正方形……20
- aとhaの特徴……21
- 面積の単位をつかうとき……21
- もっとくわしく　a（アール）とha（ヘクタール）……21
- あそぼう！　「オセロ」と「スプラトゥーン」というゲーム……22

5 m²の発明……24
- もしもたたみが1m×1m（1m²）だったら……24
- もっとくわしく　東京ドーム1個分とは……24
- 2乗で示すことが「発明」……25
- m²のように2乗をつかうと……25
- もっとくわしく　√2、√3、√5を小数であらわす！……25

6 いろいろな面積の単位……26
- 大きく分けて3種類……26
- SIの接頭語……27
- もっとくわしく　いろいろな接頭語……27

7 建物や土地などの面積……28
- 日本の城の面積ランキング……28
- 日本の湖の大きさランキング……29
- 日本の都道府県の面積ランキング……29
- 世界の国土面積ランキング……29

用語解説……30
さくいん……31

この本の見方

SI（→①巻p13）で……　参照ページがあるものは、→のあとにシリーズの巻数とページ数（同じ巻の場合はページ数のみ）を示している。

「オセロ」★で、……　用語解説のページ（p30）に、その用語が解説されていることをあらわしている。

1 そもそも面積の「単位」とは?

日本では、昔から家の部屋の広さは、たたみの数を基準にしてくらべていました。しかし、現在では、マンションなどたたみの部屋がない建物も増えてきて、部屋の広さは、○m²で表示されています。

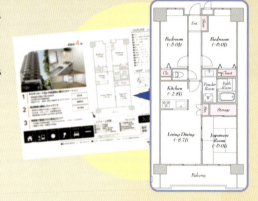

マンションの部屋の大きさ

日本では最近、マンションに住む人が多くなっています。マンションには、ひとりぐらし用の広さ30m²ほどの小さなものから、家族向けの大きめの広さのもの（100m²以上）など、さまざまな大きさがあります。

そのなかで、たとえば3〜4人の家族向けのマンションの大きさは、都心では75m²、郊外で100m²の広さのものが多いようです。4〜5人なら、都心でも95m²の広さが必要だといわれています。

そういわれても、100m²のマンションが実際どのくらいの広さかは、みんなにとってはもちろん、おとなでもピンときません。

そこで、おとなの人は、たたみの大きさを基準にして、その部屋が何畳にあたるかで広さを感じ取ろうとします。

下のイラストは、同じ6畳でも大きさが実感しにくいマンションの6帖の部屋の例を極端にあらわしたものです。

同じ6畳(帖)の部屋でも

右に示すマンションの図面には、5帖・6帖と、「帖」という漢字がつかわれています。この漢字はこれまで出てきた「畳」と同じ意味で、読み方も同じく「じょう」です。

一般にたたみの部屋（和室）の場合は「6畳」と記し、広さが同じでも洋室には「6帖」と書くことが多くなっています。

右のふたつの図面には、どちらにも「洋室(3)6帖」とありますが、よく見るとちょっとちがいがあるのです。わかるでしょうか？

じつは、「たて・横」の長さが少しだけちがっています。下図は、上図よりたてが少し長く、横が少し短くなっているのです。また「6畳」というのは、たたみ6枚がきっちりしきつめられた部屋の大きさをさします。これに対し「6帖」と記された部屋は、たたみの大きさと関係なく、部屋の大きさが自由に決められているわけです。

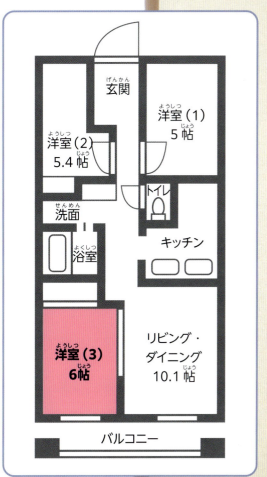

もっとくわしく
6畳間の広さ(大きさ)

巻頭のまんが（→p2）で見たとおり、たたみの大きさ（たて・横の長さ、面積）は、地域などによって次のようにことなります。

	たて	横	面積
京間	191cm	95.5cm	18240.5cm²
中京間	182cm	91cm	16562cm²
江戸間	176cm	88cm	15488cm²
団地間	170cm	85cm	14450cm²

ペントミノって知っている?

「ペントミノ」とは、正方形を5つつなげた図形のことです。
▭▭▭▭▭ のように、正方形を横一列につなげたものを基本として、右の1個を4つめの上か下に移すなど、ちがう形にしていくといろいろな形ができます。
できた形は、どれも正方形を5つつなげたものです。だから、どれも同じ面積なのです。

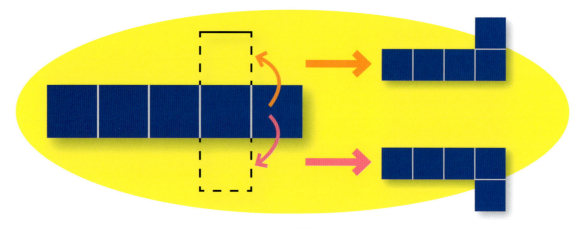

どんなかたちが何種類できるか？

ここでは、正方形を横一列につなげた図形を、次の指示のように変形していきましょう。

1 上にのせる

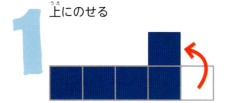

2 上に2個のせる

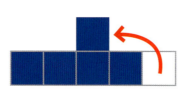

3 次に ■ をいくつか移動させて、ことなる図形をつくっていくと、全部で何種類の図形ができるでしょうか？（答えは下）。ただし、右のような図形は、それぞれ同じものになります。

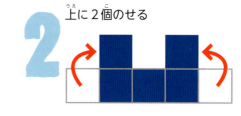

答えは12種類

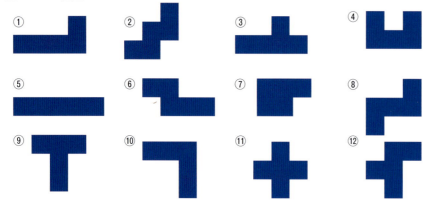

ふしぎなことに、どう動かしてもペントミノは12種類の形しかありません。ほかにもありそうに思えますが、**3**の図のように、左右・上下をぎゃくにしたり、回転させると同じ形になってしまうため、結局は、12種類のどれかと同じになります。

ペントミノをつくってあそぼう！

ペントミノはかんたんに自分でつくることができ、パズルとしてあそぶことができるのです。

左ページの下に示した12種類の形を、方眼紙でつくり、また、右に示すＡＢＣＤの4種類の台紙も別の方眼紙でつくります。

たとえばＡパターンの台紙の上に、12種類のペントミノがピッタリおさまるように置きます。

この場合の答えの例は、下のものです。

4つのパターン

Ａパターン（たて6　横10）

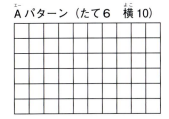

Ｂパターン（たて5　横12）

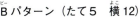

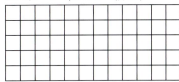

Ｃパターン（たて4　横14）

Ｄパターン（たて3　横16）

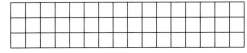

Ａパターンの答え例

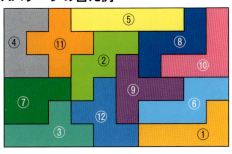

すごいことが！

上のパズルの完成形は、ひとつの例にすぎません。コンピュータで計算したところ、Ａパターンの台紙をつかった置き方は、なんと2399とおりもあることが証明されています。

また、Ｂパターンが1010とおり、Ｃパターンは、368とおりであることが判明。ところが、Ｄパターンは、右に示すもののほか、もうひととおりで、2種類しかないこともわかっています。

みんなは、どう思いますか、ほんとかな？って思いませんか。もうひととおりをさがしだそうと思いませんか。

Ｄパターンの答え例

もっとくわしく

変形5帖

11ページのマンションの図面を見て、上の図の洋室（1）5帖と下の図の洋室（2）5帖に注目してください。同じ5帖の面積ですが、形がことなることがわかります。このページでペントミノを示したのは、実際の部屋の形と広さの関係を考えるためだったのです。

13

2 学校で習う面積の単位

巻頭のまんがからここまでに面積の単位としてたたみ1枚の大きさを基準にした日本の面積の単位「畳」と、世界共通の m² (平方メートル) について見てきました。
次は、日本の学校で習う面積の単位の全てを見ていきます。

全部で5つだけ

小学校で学習する面積の単位は、cm²、m²、a、ha、km² の5つだけです。それなのに、かなりの時間をかけて学習することになっているのはなぜでしょうか？ むずかしいからなのでしょうか？ 決してそうではありません。でも、単位は、多くの人が引っかかるところだといわれています。

じっさいにおとなでも「1aは、何m²？」と問われて、正しい答えが出てくる人は少ないようです。答えは、1a = 100m²。また、たたみ1畳 (団地間は14450cm² →p11) ですが、すぐに1.445m²と出てきません。なぜなら、「500m²は、何a？」とか、「10000cm² = 1m²」など、単位の変換がこんがらがっていたり、時間がたってわすれてしまったりしているからだと考えられます。

平方センチメートル
cm²
1cm × 1cm
= 1cm²

平方メートル
m²
100cm × 100cm
= 10000cm²

アール
a
10m × 10m
= 100m²

ヘクタール
ha
100m × 100m
= 10000m²

平方キロメートル
km²
1000m × 1000m
= 1000000m²

もっとくわしく

500m²は、何a？

500m² = 5aです。1aは1辺の長さが10mの正方形の面積です。
1a = 10m × 10m = 100m²
500m²は100m²の5倍なので、5aです。
また、1m² = 0.01aですから、m²の値を0.01倍すればaの値に変換できるので、500m² = 500 × 0.01 = 5aになります。

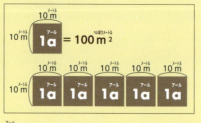

どうすればこんがらがらないか？

単位の換算問題（m^2 を a であらわすとか、その逆とか）は、多くの小学生が苦手！でも、コツさえつかめば、そんなにむずかしいことではありません。

そのコツとは「覚えなければいけないもの」と、「覚えていなくても答えをだせるもの」とに分けて考えること！

次のことは、しっかり覚える！

面積の単位には、a（アール）と ha（ヘクタール）があって、次のように換算されること。

1 cm = 10 mm
1 m = 100 cm
1 km = 1000 m

1 a = 100 m^2
1 ha = 100 a = 10000 m^2

「覚えなければいけないもの」

「覚えていなくても答えをだせるもの」

1 m^2 = 10000 cm^2
1 km^2 = 1000000 m^2

このふたつは覚える必要はありません。1 m^2 というのは、「1辺の長さが 1m の正方形の面積」のこと。1m は 100cm です。
だから、1 m^2 は 100 cm × 100 cm = 10000 cm^2 とわかるはずです。
また、1 km^2 というのは、「1辺の長さが 1km の正方形の面積」のことで、1km は 1000m。1 km^2 は 1000m × 1000m = 1000000 m^2 と換算できます。

表にまとめると、次のとおり。

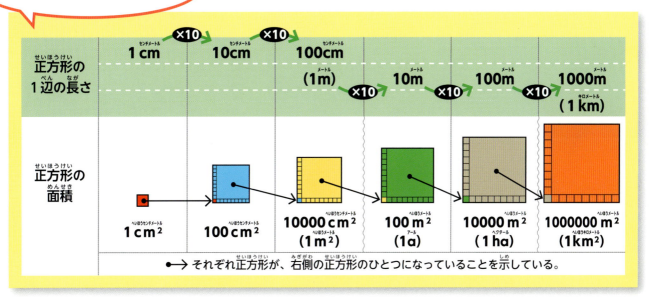

→ それぞれ正方形が、右側の正方形のひとつになっていることを示している。

15

3 小学校で学習する面積について これだけは覚えよう！

小学校では、正方形と長方形の面積が「たて×横（1辺×1辺）」でもとめられることを学び、次に、三角形や平行四辺形、台形、ひし形、円の面積のもとめ方を学習していきます。その際につかわれる面積の単位は、ほとんどが cm^2 です。

「たて×横」が面積の基本

いろいろな図形の面積は、長方形の「たて×横」を基本としてもとめることができます。

たとえば、下の長方形の面積をもとめるには、たて1列に4個の □ マスがあり、それが2列なら4×2で、3列なら4×3、4列は4×4、5列なら4×5、6列なら4×6となります。単位をつければ、4cm×6cm＝24cm^2ということです。

もし、□ 1マスのたて・横が1mであれば、この長方形の面積は24m^2となり、□ が1kmなら24km^2ということになります。

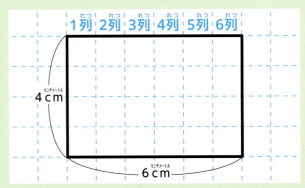

$4cm × 6cm = 24cm^2$

もっとくわしく
a（アール）、ha（ヘクタール）の場合

上の □ 1マスが、もし1辺10mの正方形なら、1マスの面積は10m×10m＝100m^2＝1aとなります。1辺100mの正方形なら、面積は100m×100m＝10000m^2＝1haとなります。

平行四辺形の面積

平行四辺形の面積も、左で見た長方形の場合と同じように、□ 1マスがいくつあるかで考えられます。

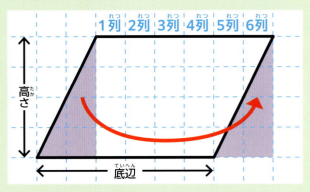

左側の三角形（正確にいうと「直角三角形」：ひとつの角が直角）を右側に移してみると、全体がたて4個、横6個の長方形になります。つまり平行四辺形は、長方形の面積と同じなのです。だから面積は「たて×横」でもとめられることになります。

$4cm × 6cm = 24cm^2$

もっとくわしく
平行四辺形の面積＝底辺×高さ

平行四辺形の場合は「たて」の長さのことを「高さ」、「横」の長さのことを「底辺」とよびます。そのため、平行四辺形の面積は「高さ×底辺」となりそうですが、公式では「底辺」×「高さ」となります。このように平行四辺形の面積は長方形の面積と同じ考え方でもとめられることを確認してください。

16

三角形の面積

三角形の面積のもとめ方は、下の図のように、ふたつの三角形（ △ と △ ）に分けて、その三角形をそれぞれ上部にくっつけることで、長方形をつくります。そしてその長方形の面積を、「たて×横」でもとめます。

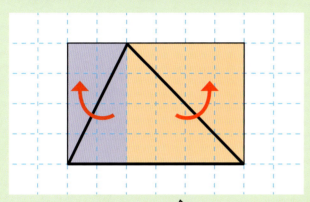

この長方形は、元の三角形（ △ ）のふたつ分の面積ですから、2でわらなければなりません。

4 cm × 6 cm ÷ 2 = 12 cm^2

もうひとつの考え方として、平行四辺形（ ▱ ）をつくる方法もあります。平行四辺形は底辺×高さなので、その半分となります。下の図は、そのようすを示しています。

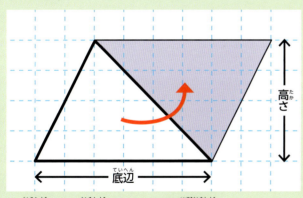

6 cm × 4 cm ÷ 2 = 12 cm^2

> みんなは
> 4年生で「正方形や長方形の面積」、
> 5年生で「三角形や平行四辺形、台形やひし形の面積」、
> 6年生で「円の面積」の勉強をしていくよ。
> ここでは面積のもとめ方の基本的な考え方を覚えておこう。

台形の面積

三角形と同じように、同じ台形（ ⬜ ）をふたつ合わせて計算します。ただし、底辺の長さは、台形の上側の辺（上底）と下側の辺（下底）の合計となります。

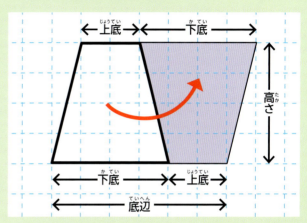

この平行四辺形は元の台形（ ⬜ ）ふたつ分の面積ですから、2でわらなければなりません。

(2 cm + 4 cm) × 4 cm ÷ 2 = 12 cm^2

ひし形の面積

ひし形は、ふたつに分けると三角形になります。ということは、ひし形（ ◇ ）の面積をもとめるには、（底辺×高さ）÷2でもとめた三角形（ △ ）の面積を2倍にすればいいわけです。

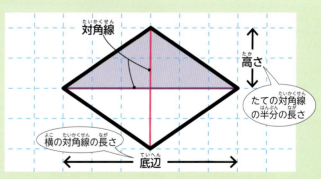

どうせ2倍にするのですから、三角形の底辺×高さでよいということです。

6 cm × 2 cm = 12 cm^2

もうひとつの考え方として、ひし形の場合、ふたつに分けた三角形の底辺と高さにあたる長さが対角線になります。ずばり！ ひし形の面積のもとめ方は、2本の対角線をかけて2でわればいいのです。

4 cm × 6 cm ÷ 2 = 12 cm^2

円の面積

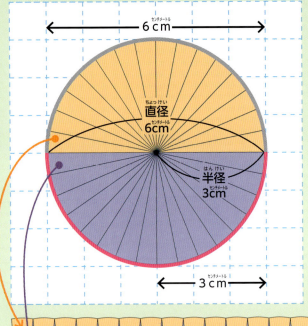

左の図のように、半径3cmの円を描き、その中心をとおる線（直径）で32等分します。次に32枚の三角形（▲）を下の図のように並べます。

この長方形のたての長さは、もとの円の半径になります（3cm）。横の長さは、円のまわり（円周）の半分になります。円周の長さは「直径×円周率（3.14）」と決まっていますから、その半分の長さで（半径×3.14）となります。

ということで、この長方形の面積は、たては半径、横は半径×3.14をかければよいことがわかります。

一言でいえば、円の面積は半径×半径×3.14でももとめられます。左の円の面積は、3cm×3cm×3.14＝28.26cm² です。

> 左の長方形の上下の線は、まっすぐではないよ。だって、円の一部なんだからね。

もっとくわしく

正方形の面積を5等分にする方法

正方形を4等分するならかんたんですが、5等分となるとなやんでしまいます。ところが、正方形のまわりの長さ（1辺の長さ×4）を5等分して、図のようにその長さにしたがって分けていけば、同じ面積の図形が5つできるのです。なぜなら、底辺と高さがどの形も同じだからです。

1 ケーキの側面に糸をひとまわりさせて、ケーキのまわりの長さと同じひもをつくる。

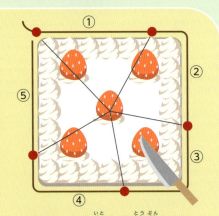

2 その糸を5等分して、しるしをつける。ケーキの側面に糸をもういちどもどして、図のように、中心からひものしるしと同じ位置で、ケーキを切る。

3 ケーキの形はまったくちがうけれど、面積は同じになっている。
※その理由はp32を見てね。

> え！知らなかった。こんどやってみよう。

18

あそぼう！ タングラムをつくってあそぼう

左ページの円の面積のもとめ方を見つける方法では、円をいくつにも切って並べかえて長方形にしましたが、ここでは、正方形を7つに切りわけて「タングラム」とよばれるパズルをつくってみましょう。

むずかしいけれど楽しい！

正方形を右の図のように7つに切りわけます。それが「タングラム」！「知恵の板」ともよばれ、三角形5個、正方形1個、平行四辺形1個ができます。

全部の形をつかって下の①〜⑫の形をつくるには、どうすればいいでしょうか？　かんたんにできるものもあれば、なかなかできない形もあります。どう並べるかの正解は下に示しますが、まずは、答えを見ないでやってみましょう。楽しい！

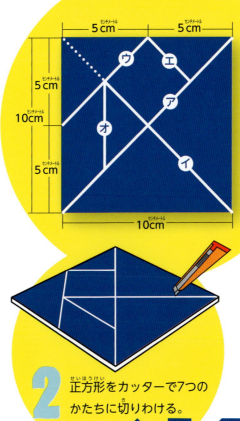

作り方

1 ダンボールで1辺10cmの正方形をつくり、1〜4の順番で線をひいていく。
1 対角線㋐と㋑をひく。
2 左と上の辺の、それぞれの中点（まんなかの点）をむすんで㋒の線をひき、㋒の線のななめ左上にある㋑の線の一部（……）を消す。
3 対角線㋑と平行になるように㋓の線をひく（平行線のかき方はp30を見てね）。
4 左の辺と平行になるように㋔の線をひく。

2 正方形をカッターで7つのかたちに切りわける。

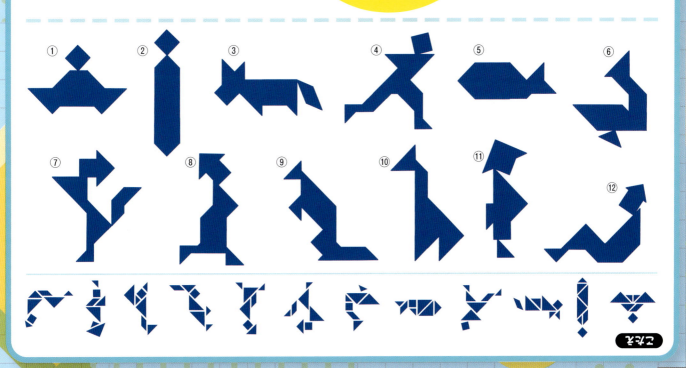

4 面積の学習と日常生活

3(→p16)で、小学校で学習する面積についてくわしく見ました。なぜかというと、面積の単位というのは、学校でとても重要であるにもかかわらず、長さ、かさ、重さなどとくらべて、日常の生活でふれることが少ないからです。そこで、もう一度面積についてまとめてみましょう。

単位正方形

面積の考え方の基礎は、1辺が1の正方形（1×1の正方形を「単位正方形」とよぶ）を基準に考えます。このことを理解するために16〜18ページにわたり3ページつかって、図形の面積のもとめ方をくわしく見てきました。いいかえれば、あらゆる図形を1×1の単位正方形によって、その広さ（大きさ）をあらわすことを確認してきたのです。

単位正方形には、1cm²（1cm×1cm）、1m²（1m×1m）、1km²（1km×1km）があります。ところが、aとhaは、1辺が10m、100mとなっています。つまり単位正方形（1辺が1の正方形）ではありません。

1cm²、1m²、1a、1ha、1km²の正方形それぞれの1辺の長さをしっかり覚えよう！

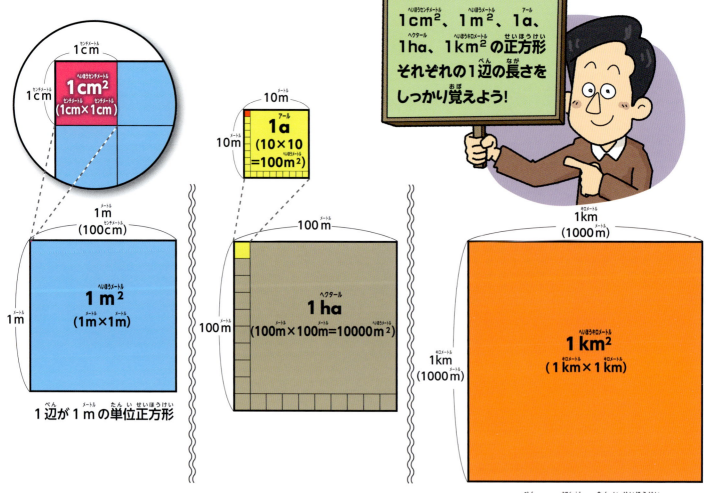

aとhaの特徴

左ページで、面積の単位のaとhaは、ほかとはことなっていることを見ました。でも、「aとhaには、2乗を示す右肩の2がつかわれていないのはなんで？」という疑問が残りませんか？

じつは、その理由は下のとおりです。

$1\,cm^2$ （$1\,cm \times 1\,cm$）
$1\,m^2$ （$1\,m \times 1\,m$）
$1\,km^2$ （$1\,km \times 1\,km$）

→ 1辺の長さが1の正方形
（**単位正方形**→p20）

a （$10\,m \times 10\,m$）
ha （$100\,m \times 100\,m$）

→ 1辺の長さが1ではない
（**単位正方形**でない）

ということにあります。

1辺が1cmの単位正方形
$1\,cm \times 1\,cm = 1\,cm^2$（平方センチメートル）　**1cmが基準**

1辺が1m（=100cm）の単位正方形
$1\,m \times 1\,m = 1\,m^2$（平方メートル）　**1mが基準**

1辺が10m（=1000cm）
 1a（アール）

1辺が100m（=10000cm）
 1ha（ヘクタール）

1辺が1km（=1000m=100000cm）の単位正方形
$1\,km \times 1\,km = 1\,km^2$（平方キロメートル）　**1kmが基準**

面積の単位をつかうとき

日常の生活で面積の単位をつかうのは、10ページで見たように部屋の広さをくらべるときや、地図上で土地の面積を知るときなどのほかは、身近なものの面積をもとめたりくらべたりすることは、あまりありません。それでも、面積をただ「大きい」「小さい」といっていたのでは正確さを欠いてしまいます。人によって基準がちがうからです。

そこで、単位を同じにして数字というみんなに共通なものを基準にして、面積をもとめたりくらべたりすることが必要になるわけです。

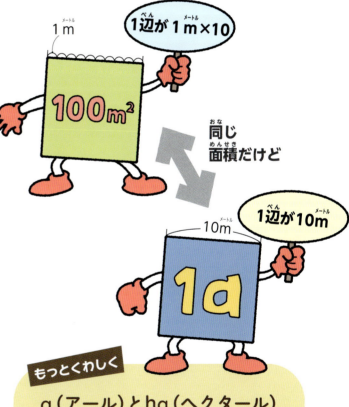

もっとくわしく

a（アール）とha（ヘクタール）

長さの単位のaは、「広場」を意味するラテン語areaからきています。また、haのhは、ギリシャ語で「100」を意味するもので、aの100倍がhaとなります。

なお、hは、SI（→①巻p13）の接頭語に指定されています。

「オセロ」と「スプラトゥーン」というゲーム

あそぼう！

ここでは、だれでも知っている「オセロ」と
最近人気の「スプラトゥーン」について考えてみましょう。
どちらも勝敗は、見た目だけではわかりにくい！

オセロの場合

「オセロ」★で、一進一退をした末、写真のような状態で終了したとします。白・黒どちらが勝ったように見えますか？ 右上の写真では、なんとなく白のほうが多いように見えるかもしれません。でも白と黒とでは、白は膨張色なので大きく見えるといわれています。数えてみないと勝敗がわかりません。

ところで、ただ数えるのではなく、並べかえる方法があります。じつは、それは12ページで見たように形を変えるやり方なのです。

右下の写真は、右上を並びかえたもの。すぐに白の勝ちだとわかります。

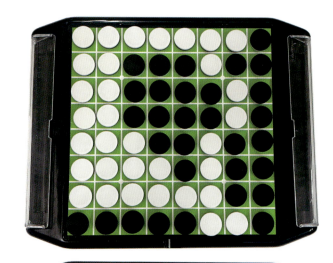

スプラトゥーンの場合

「スプラトゥーン」★は、任天堂の人気ゲームシリーズです。かんたんにいうと、地面などあらゆるところをインクでぬっていき、その面積の大きいチームが勝ちというゲーム。主人公は、イカ。イカが、インクを発射する「ブキ」とよばれるさまざまな道具をつかって対戦相手とたたかったり、自分の色のインクをぬりひろげたりするのですが、奇想天外のしかけがあってとてもおもしろいと、今、爆発的な人気となっています。みんなも知っているのでは？

下は、ゲームの途中のようすです。ここでは、青（紫）と黄色（黄緑）のどちらが優勢かがわかりません。

勝敗は、チームの色のインクでどれだけぬったか、その面積をコンピュータが数字で示してくれます。

結局は、これほどのハイテクゲームも、オセロゲームと同じで、数字を見ないと勝敗はわかりません。

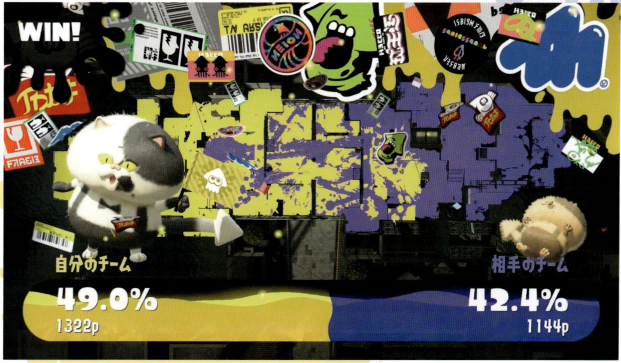

Nintendo Switch用ソフト『スプラトゥーン3』 ©Nintendo

23

5 ㎡の発明

巻頭まんがには、「㎡が発明である」(→p1) とありました。どういうことでしょうか？ 発明といえるすばらしさは？ ここでは、面積の単位の畳やa（アール）、ha（ヘクタール）とくらべて考えてみましょう。

もしもたたみが 1m×1m（1㎡）だったら

　10ページでは、「おとなの人は、たたみの大きさを基準にして部屋の大きさを感じ取ろうとしています」とありました。

　もしも、たたみが1m×1m（1㎡）だったら、4畳半とか6畳とか、日本人がなじんできた和室の大きさ感覚も変わるかもしれません。

　4畳半の「半」は、たたみ1枚の半分の大きさです。京間の場合、1辺が95.5cmの正方形。95.5cmとなんとも半端な数字となっています。しかも江戸間や団地間とばらばらの大きさです (→p2)。たたみが、京間よりひとまわり大きく、いっそのこと1m×1m（1㎡）だったらみんなにもその大きさが、はるかにわかりやすいのではないでしょうか。巻頭のまんがの先生は、1㎠、1㎡、1㎢というのは、たて・横の長さがすぐわかるので、発明といったのです。

京間の半畳の大きさ
95.5cm×95.5cm
＝9120.25㎠

もしも1辺が1mだったら
1m×1m
＝1㎡
（10000㎠）

> **もっとくわしく**
>
> ### 東京ドーム1個分とは
>
> 　広さを強調しようとして、東京ドーム○○個分といわれることがよくあります。一般的に「東京ドーム1個分」は、グラウンドやスタンドやその外周までを全てふくめた広さのことです。建築面積（広さ）：46755㎡ ＝ 4.6755ha (→p14)で、約14143坪（1坪はたたみ2枚分）です。
> 　東京ドームが、日本で有数の大きな建物であり、多くの人に認知されていることから、その広さをイメージさせるために、ひとつの単位として「東京ドーム○○個分」がつかわれているのです。

2乗で示すことが「発明」

畳やa、haは、文字で面積を示していませんが、m²は、メートルの右上に小さく2と記すことで、その数字が、ある数字の2乗になっていること（→p1）、すなわち、たてと横、どちらの長さも同じ数字であることがすぐにわかります。

ところで、小学生では習わないけれど、「2乗すると3になる数字」＝$\sqrt{3}$（$\sqrt{}$は「ルート」*と読む）、「5になる数字」＝$\sqrt{5}$、「9になる数字」＝$\sqrt{9}$と書きます。これならどんな正方形でも1辺の長さが、すぐにわかります。

m²のように2乗をつかうと

前で説明したことのくりかえしになりますが、「この部屋が8畳です」といわれた場合、1畳がどのくらいの大きさかがわかるおとななら、実際のたたみを思い出して、部屋の広さがわかりやすいといいます。しかし、たたみの大きさがいろいろことなっていて（→p2）、わからない人もいます。そのため5帖（漢字は「畳」ではなく「帖」をつかい、読みは同じく「じょう」（→p11））のように示されることが多くなっています。

では、m²のように2乗をつかうとどんなよいことがあるのでしょうか。たとえば、この面積が○m²と示された場合、それは△m×△mとなっていることが、瞬時にわかります。○が4なら△は2（$\sqrt{4}$）、○が9なら△は3（$\sqrt{9}$）、○が100なら△は10（$\sqrt{100}$）というような具合です。

このように「たて×横」のおおよその長さがわかることで、その面積の広さを想像しやすいといわれています。

もっとくわしく

$\sqrt{2}$、$\sqrt{3}$、$\sqrt{5}$を小数であらわす！

左に示すとおり、$\sqrt{2}$、$\sqrt{3}$、$\sqrt{5}$は小数であらわすことができます。ところがその小数は、1.4142…、1.7320…、2.2360…と永遠につづきます。これを「無理数」*といいます。そのため初めからいくつかの数字を語呂合わせで覚えることがおこなわれます。

$\sqrt{2}$ = 1.41421356…	一夜一夜に人見ごろ
$\sqrt{3}$ = 1.7320508…	人並みにおごれや
$\sqrt{5}$ = 2.2360679…	富士山麓オウム鳴く

25

6 いろいろな面積の単位

ここでは、現在一般につかわれている面積の単位をまとめて見てみましょう。
これまでに出てきた単位だけではなく、出てきていないものも紹介します。

m^2

m^2 は土地や建物の面積につかわれることが多い。田畑の面積には a、都道府県の面積には km^2 がつかわれる。

大きく分けて3種類

面積の単位で、できれば知っておきたいものは大きく分けて、メートル法、尺貫法、ヤード・ポンド法といわれる3種類です。

表の見方

・□の部分は、左側に示すそれぞれの単位の1平方メートル（m^2）、1 アール（a）、1坪、1エーカー（ac）などを示している。

・□の部分の上下を見ると、たとえば 1a が100m^2 とか0.0001km^2、30.25坪 であることがわかる。

・例えば昔の単位の1反は現代の単位ではどのくらいになるかを知ろうとした場合、1反を見れば、そのすぐ上の300から300坪だと、またいちばん上の数字から 991.736m^2 であるとわかる。

面積の単位の換算早見表

		平方メートル (m^2)	アール (a)	平方キロメートル (km^2)	坪 (歩)	反
メートル法	平方メートル (m^2)	1 m^2	100	1000000	3.30578	991.736
	アール (a)	0.01	1a	10000	0.033058	9.91736
	平方キロメートル (km^2)	0.000001	0.0001	1 km^2	0.000003	0.00099
尺貫法	坪 (歩)	0.3025	30.25	302500	1坪	300
	反	0.001008	0.100833	1008.33	0.003333	1反
	町	0.0001	0.010083	100.833	0.000333	0.1
ヤード・ポンド法	平方フィート (ft^2)	10.7639	1076.39	-	35.5844	10675.3
	平方ヤード (yd^2)	1.19599	119.599	-	3.95372	1186.14
	エーカー (ac)	0.000247	0.02471	247.11	0.000816	0.24507
	平方マイル ($mile^2$)	0.0000003	0.000038	0.3861	0.000001	0.00038

坪

坪は土地や建物、田畑の面積につかわれることが多い。300坪が 1 反、その10倍の広さが1町。1町はメートル法だと約100a。

SIの接頭語

　この表のほかにも、いろいろな単位があります。とくにIT技術が進歩するなか、極端に大きな、または、非常に小さい量をあらわす単位がつかわれるようになりました。最近では、コンピューターやスマホでつかう単位で「メガ」や「ギガ」といった言葉をよく聞きます。これらは、数字で書く0の数が多くなってわかりづらいことから、表記をかんたんにするためにつかわれているもので、

SI（→①巻p13）では、「接頭語」といわれるもの（→①巻p26）。10の2乗、3乗……○乗であらわします。

もっとくわしく

いろいろな接頭語

　この本では、これまでなんどもkが10^3（=1000）をあらわす接頭語であることを見てきましたが、よくつかう接頭語にはM（10^6=1000000）やG（10^9=1000000000）などがあります（→①巻p26）。いっぽう、おなじみのcmのcも接頭語ですが、cは、10^{-2}と記し、10の2乗分の1（$\frac{1}{100}$=0.01）をあらわしています。同じように、

- mが10^{-3}（$\frac{1}{1000}$=0.001）
- μが10^{-6}（$\frac{1}{1000000}$=0.000001）
- nが10^{-9}（$\frac{1}{1000000000}$=0.000000001）

をあらわしています。これまで接頭語のもっとも大きな単位は、Y（10^{24}）で、小さな単位は、y（10^{-24}）でしたが、2022年11月に新たな単位が承認されました（下の表）。

1km ←1000倍→ 1m ←$\frac{1}{100}$倍→ 1cm ←$\frac{1}{1000}$倍→ 1mm

Y（y）よりさらに大きな（小さな）接頭語

大きさをあらわすことば	大きさ
Y（ヨタ）	1秭（10^{24}）
R（ロナ）	1000秭（10^{27}）
Q（クエタ）	100穣（10^{30}）
y（ヨクト）	1秭分の1（10^{-24}）
r（ロント）	1000秭分の1（10^{-27}）
q（クエクト）	100穣分の1（10^{-30}）

※2022年11月18日の国際度量衡総会で新たにR、Q、r、qの4つの接頭語が承認された。

	※1ha=100a	1反=10畝	1畝=30坪
9917.36	0.09290	0.836127	4046.86	-
99.1736	0.000928	0.008361	40.4686	25899.9
0.009917	-	0.0000008	0.004047	2.58999
3000	0.028102	0.25293	1224.17	783443
0	0.000093	0.000843	4.0806	2611.47
1町	0.000009	0.000084	0.40806	261.147
06750	1 ft²	9	43560	-
1861.4	0.111111	1 yd²	4840	-
2.45072	0.00002	0.000206	1 ac	640
0.003829	-	-	0.001562	1 mile²

出典／計量計測データバンクより

ac

ソフトボール場の面積が約1ac。メートル法だと約4047m²。土地の面積をあらわすのにacをつかうが、まちや島の面積を表現するときには平方マイルをつかう。

27

7 建物や土地などの面積

一般生活のなかで建物や土地の広さを示すのには、面積の単位をつかいます。また、国や都道府県の広さをあらわすのにも面積の単位が必要です。

日本の城の面積ランキング

日本一大きな城というと、大阪城や仙台城を思いうかべる人が多いかもしれません。現在、江戸城が「日本最大の城」とされています。江戸時代には徳川将軍が住んでいましたが、明治以降は天皇の住まいとなりました。

じつは、その江戸城は、全国の大きな城とくらべてもダントツに広いのです。

ここでは、そのことを、haで示してみましょう。

1位 江戸城（東京都）　約230ha！（皇居＋皇居外苑）
東京ドームが4.6755ha（→p24）なので、およそ50個分。

皇居の全景。皇居東御苑、皇居外苑、宮殿地区、吹上御所の4つに分かれている。

2位　大阪城（大阪府）　約106ha（大阪城公園）
3位　仙台城（宮城県）　約44ha
4位　名古屋城（愛知県）　約35ha
5位　姫路城（兵庫県）　約23ha

出典：公益財団法人日本城郭協会公認　株式会社東北新社運営サイト「城びと」

日本の湖の大きさランキング

1位 琵琶湖（滋賀県） 669.26 km²

ここでは日本にある大きな湖と都道府県の面積、そして世界の国の面積をkm²でくらべてみましょう。

2位 霞ケ浦（茨城県）	168.2 km²
3位 サロマ湖（北海道）	151.63 km²
4位 猪苗代湖（福島県）	103.24 km²
5位 中海（鳥取県・島根県）	85.82 km²

出典：総務省統計局「第七十四回日本統計年鑑 令和7年」

滋賀県にある日本最大の面積と貯水量をもつ琵琶湖。県の面積のおよそ6分の1を占める。

日本の都道府県の面積ランキング

- **1位 北海道** 83422.27 km²
- **2位 岩手県** 15275.05 km²
- **3位 福島県** 13784.39 km²
- **4位 長野県** 13561.56 km²
- **5位 新潟県** 12583.88 km²

北海道にある十勝平野。

出典：国土交通省「令和6年全国都道府県市区町村別面積調」

世界の国土面積ランキング

- **1位 ロシア** 17098246 km²
- **2位 カナダ** 9984670 km²
- **3位 アメリカ** 9833517 km²
- **4位 中国** 9600000 km²
- **5位 ブラジル** 8510346 km²

日本と比較したときの世界の国の面積　日本の面積（約378000km²）を、左のような四角ひとつ分だとすると…

- ロシア 45.2倍
- カナダ 26.4倍
- アメリカ 26倍
- 中国 25.4倍
- ブラジル 22.5倍

出典：総務省統計局「世界の統計2024」

用語解説

本文を読む際の理解を助ける用語を50音順にならべて解説しています（本文のなかでは、右肩に★印をつけた用語）。（ ）内は、その用語が掲載されているページです。★印は初出にのみつけています。

オセロ （P22）

イギリスで19世紀後半に考案された「リバーシ」というゲームや、明治時代の日本で知られた「源平碁」など元となるゲームもあるが、ボードの目や数を決め、ルールを明確に定めて「オセロゲーム」として発案したのは日本人の長谷川五郎氏とされている。「オセロ」という名前は、シェイクスピアの戯曲「オセロー」が由来という。

スプラトゥーン （P22、23）

英語で「Splatoon」。「splat（ぴちゃ、ぺちゃっという擬音）」と「platoon（軍隊、小隊）」を組み合わせた造語。全国各地のプレイヤーが参加しておこなわれる公式大会の「スプラトゥーン甲子園」も開催されている。

無理数 （P25）

分数であらわすことのできない数のことを「無理数」といい、それに対して、分数の形であらわされる数、0や有限小数（0.1や0.25など）のことを「有理数」という。

ルート （P25）

英語で「root」と書き、（植物の）根、根元、根源などを意味する。記号は、ラテン語で「根」を意味する「radix」の頭文字の「r」をひきのばしたものと考えられている。

平行線のじょうずなひきかた (p19)

1 ふたつの三角定規（A、B）を図のようにあてて線をひく

2 Aの三角定規をしっかりおさえて、Bの三角定規をずらしていく。

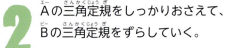

3 ずらした三角定規にそって、もう1本線をひく。

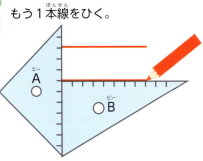

4 できあがり！

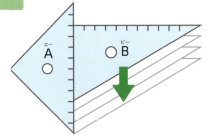

さくいん

さくいんは、本文および「もっとくわしく」から用語および単位名・人物名をのせています（用語解説に掲載しているものは省略）。

あ

- アール（a） ……………… 14, 15, 16, 20, 21, 24, 25, 26
- エーカー（ac） …………… 26, 27
- SI …………………………… 21, 27
- 江戸城 ……………………………… 28
- 江戸間 …………………………… 11, 24
- 円 ……………………… 16, 17, 18, 19
- 円周率 ……………………………… 18

か

- カッター …………………………… 19
- 下底 ………………………………… 17
- ギガ（G） ………………………… 27
- 京間 ……………………………… 11, 24
- キロ（k） ………………………… 27
- ケーキ ……………………………… 18
- 語呂合わせ ………………………… 25

さ

- 三角形 ………………… 16, 17, 18, 19
- 尺貫法 ……………………………… 26
- 帖 ……………………………… 11, 25
- 畳 ……………………………… 11, 25
- 上底 ………………………………… 17
- スマホ ……………………………… 27
- 正方形 ………………… 12, 14, 15, 16, 18, 19, 20, 21, 24
- 接頭語 ………………………… 21, 27
- センチ（c） ……………………… 27
- ソフトボール場 …………………… 27

た

- 対角線 …………………………… 17, 19
- 台形 ………………………………… 17
- 高さ ………………………… 16, 17, 18
- たたみ ……………… 10, 11, 14, 24, 25
- 単位正方形 …………………… 20, 21
- タングラム ………………………… 19
- 団地間 ………………… 11, 14, 24
- ダンボール ………………………… 19
- 知恵の板 …………………………… 19
- 中京間 ……………………………… 11
- 長方形 …………………………… 16, 19
- 直角三角形 ………………………… 16
- 直径 ………………………………… 18
- 坪 …………………………………… 26
- 底辺 ………………………… 16, 17, 18
- 東京ドーム ……………………… 24, 28

な

- 長さ ……………… 11, 14, 15, 16, 17, 18, 20, 21, 24, 25
- ナノ（n） ………………………… 27
- 2乗 ………………………………… 25

は

- パズル …………………………… 13, 19
- 半径 ………………………………… 18
- ひし形 …………………………… 16, 17
- 琵琶湖 ……………………………… 29
- 平行四辺形 ……………… 16, 17, 19
- 平方キロメートル（km²）
  …………………………………… 14, 26
- 平方センチメートル（cm²）
  …………………………………… 14, 16
- 平方メートル（m²）
  ………………………… 14, 15, 24, 25, 26
- ヘクタール（ha） ……… 14, 15, 16, 20, 21, 24, 25, 28
- ヘクト（h） ……………………… 21
- ペントミノ ……………………… 12, 13
- 方眼紙 ……………………………… 13

ま

- マイクロ（μ） …………………… 27
- マンション ………………… 10, 11, 13
- ミリ（m） ………………………… 27
- メートル法 …………………… 26, 27
- メガ（M） ………………………… 27
- 面積 …………… 10, 11, 12, 13, 14, 15, 16, 17, 18, 19, 20, 21, 23, 24, 25, 26, 27, 28, 29

や

- ヤード・ポンド法 ………………… 26
- 洋室 ……………………………… 11, 13
- ヨクト（y） ……………………… 27
- ヨタ（Y） ………………………… 27

ら

- 和室 ……………………………… 11, 24

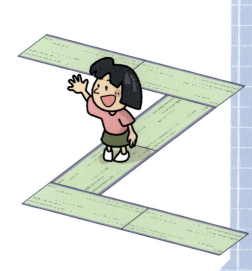

31

■ 著
稲葉茂勝（いなば　しげかつ）
1953年東京生まれ。大阪外国語大学、東京外国語大学卒業。国際理解教育学会会員。子ども向け書籍のプロデューサーとして約1500冊を手がけ、「子どもジャーナリスト（Journalist for Children）」としても活動。
著書として『目でみる単位の図鑑』、『目でみる算数の図鑑』、『目でみる1mmの図鑑』（いずれも東京書籍）や『これならわかる！　科学の基礎のキソ』全8巻（丸善出版）、「あそび学」シリーズ（今人舎）など多数。2019年にNPO法人子ども大学くにたちを設立し、同理事長に就任して以来「SDGs子ども大学運動」を展開している。

■ 監修協力
佐藤純一（さとう　じゅんいち）
国立学園小学校校長。専門は算数。

小野　崇（おの　たかし）
桐朋学園小学校理科教諭。

■ 絵
荒賀賢二（あらが　けんじ）
1973年生まれ。『できるまで大図鑑』（東京書籍）、『電気がいちばんわかる本』全5巻（ポプラ社）、『多様性ってどんなこと？』全4巻（岩崎書店）など、児童書の挿絵や絵本を中心に活躍。

■ 編集
こどもくらぶ
あそび・教育・福祉分野で子どもに関する書籍を企画・編集。あすなろ書房の書籍として『著作権って何？』『お札になった21人の偉人　なるほどヒストリー』『すがたをかえる食べもの［つくる人と現場］』『新・はたらく犬とかかわる人たち』『狙われた国と地域』などがある。

※本シリーズでの単位記号の表記について
このシリーズでは、「リットル」の表記を「L」、「アール」の表記を「a」、「グラム」の表記を「g」で統一しています。

■ 装丁／本文デザイン
長江知子

■ 企画・制作
株式会社 今人舎

■ 写真提供
表紙、P26：©THINGDSGN- stock.adobe.com
P24：PhotoNetwork／PIXTA（ピクスタ）
P26：©promolink- stock.adobe.com
P27：©ChrisTYCat- stock.adobe.com
P28：©show-m- stock.adobe.com
P29：©vanhop- stock.adobe.com

■ 写真協力
P10：株式会社システムエイト

■ 参考資料
計量計測データバンク
「度量衡換算表」
https://www.keiryou-keisoku.co.jp/doryoukou.html
「SI接頭語の追加」
https://unit.aist.go.jp/nmij/library/SI_prefixes/

「こうすれば好きになる　あたらしい算数　はかってあそぼう　量と測定」
「こうすれば好きになる　あたらしい算数　たのしもう平面図形」
（ともに監修・横地清　編著・こどもくらぶ　発行・すずき出版）

この本の情報は、2024年11月までに調べたものです。今後変更になる可能性がありますのでご了承ください。

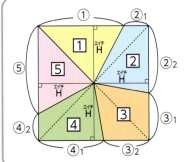

5等分したケーキの面積が同じになる理由（p18）
面積が同じになる理由をわかりやすくするために、左の図のように線をひいて考えてみましょう。

$\boxed{1}$ は ①×H÷2
$\boxed{2}$ は ②₁×H÷2＋②₂×H÷2
$\boxed{3}$ は ③₁×H÷2＋③₂×H÷2
$\boxed{4}$ は ④₁×H÷2＋④₂×H÷2
$\boxed{5}$ は ⑤×H÷2

①＝②₁＋②₂＝③₁＋③₂
＝④₁＋④₂＝⑤ですから
$\boxed{1}$～$\boxed{5}$の面積はすべて同じになるのです。

「目からウロコ」単位の発明！　③面積の単位　洪水後の土地をもとどおりにはかるには？　NDC410

2025年1月30日　初版発行

著　者　稲葉茂勝
発行者　山浦真一
発行所　株式会社あすなろ書房　〒162-0041　東京都新宿区早稲田鶴巻町551-4
　　　　電話　03-3203-3350（代表）
印刷・製本　株式会社シナノパブリッシングプレス

©2025　INABA Shigekatsu
Printed in Japan

32p／31cm
ISBN978-4-7515-3233-1

いろいろな面積の単位

表の見方

- ■の部分は、左側に示すそれぞれの単位の1平方メートル（m²）、1アール（a）、1坪、1エーカー（ac）などを示している。
- ■の部分の上下を見ると、たとえば1aが100m²とか0.01ha、30.25坪であることがわかる。

- たとえば昔の単位の1反は現代の単位ではどのくらいになるかを知ろうとした場合、1反を見れば、その2つ上の300から300坪だと、またいちばん上の数字から991.74m²であるとわかる。

面積の単位の換算早見表

メートル法	平方メートル（m²）	**1 m²**	100	10000	1000000	3.31
	アール（a）	0.01	**1 a**	100	10000	0.03
	ヘクタール（ha）	—	0.01	**1 ha**	100	—
	平方キロメートル（km²）	—	—	0.01	**1 km²**	—
尺貫法	坪（歩）	0.3	30.25	3025	—	**1坪**
	畝	0.01	1.01	100.83	10083.3	0.03
	反	—	0.1	10.08	1008.33	—
	町	—	0.01	1.01	100.83	—
ヤード・ポンド法	平方フィート（ft²）	10.76	1076.39	—	—	35.5…
	平方ヤード（yd²）	1.2	119.6	11959.9	—	3.95
	エーカー（ac）	—	0.02	2.47	247.11	
	平方マイル（mile²）	—	—	—	0.39	—